我的小问题·科学Q 第二辑

微 生 物

［法］德·塞德里克·富尔 / 著
［法］德·卡米耶·费拉里 / 绘
唐波 / 译

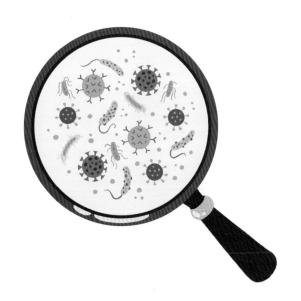

北京时代华文书局

什么是微生物❓

微生物是微小的生物，有些小到肉眼都看不见。尽管如此，无数的微生物却一直包围着我们。

微生物有好几种，最广为人知的是**细菌和病毒**。除此之外还有真菌（包括我们所吃的菌菇）、**古菌**、一部分**原生生物**……

大部分微生物非常细小，比沙粒还要小得多，要用显微镜才能观察到。显微镜是一种可以将微小物体放大到肉眼可见的仪器。

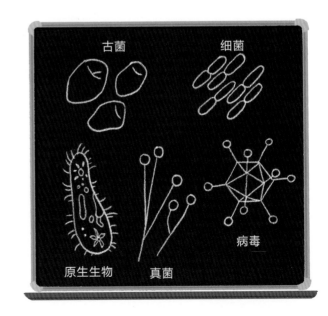

古菌　　　　细菌

原生生物　　真菌　　病毒

当我们用高倍显微镜观察冠状病毒时，可以看到一个长了一些小小刺突的球状体。

制作 1 个显微镜

准备 2 块玻璃板（小心轻放）、1 面小镜子、1 个手电筒、1 个橡皮擦、6 个卫生纸卷筒、一点水以及要观察的东西（灰尘、昆虫、头发……）。

1. 将一块玻璃板放在 4 个卷筒上。

2. 把镜子放在玻璃板正下方，用橡皮垫着镜子，使其微微倾斜。

3. 将你想观察的东西放在玻璃板中心。

4. 将剩下的 2 个卷筒一剪为二，放在玻璃板 4 个角上，然后把第二块玻璃板放在上面。

5. 在第二块玻璃板中间滴一大滴水。

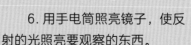

6. 用手电筒照亮镜子，使反射的光照亮要观察的东西。

7. 透过水滴观察，它就像一个真正的显微镜**透镜**一样，把你要观察的东西放大了。

细菌和病毒的区别是什么 ?

细菌和病毒都可能引起疾病。细菌是非常小的生物，病毒比细菌还要小得多。

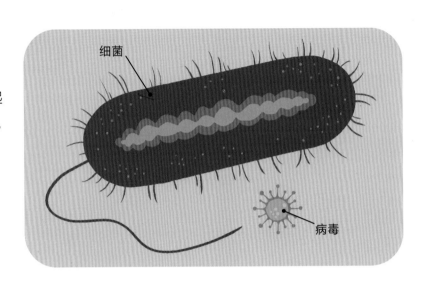

细菌

病毒

球状细菌

鞭毛

螺旋状细菌

杆状细菌
（细长细菌）

细菌是单细胞生物，可以独立进行生命活动，有球状的、杆状的、螺旋状的……有些细菌甚至长着一种类似尾巴的东西，即鞭毛，能让细菌动起来！

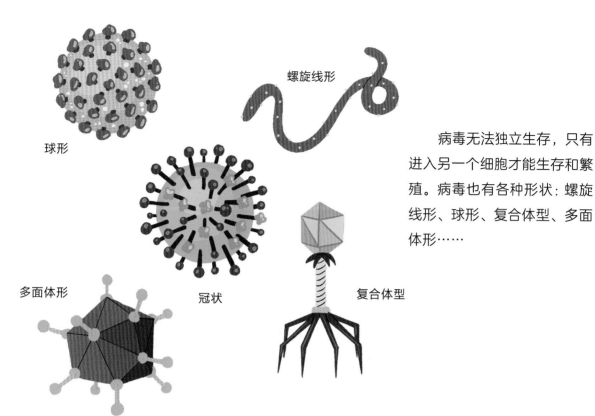

球形

螺旋线形

多面体形

冠状

复合体型

病毒无法独立生存，只有进入另一个细胞才能生存和繁殖。病毒也有各种形状：螺旋线形、球形、复合体型、多面体形……

细菌和病毒都可以使动物、植物和真菌受到感染，并引发疾病。但是细菌和原生生物、古菌一样，也容易受到病毒攻击。

我们在哪儿能找到微生物？

微生物生存在水里、土壤里、空气里、植物里、食物里……甚至是我们手上。微生物能在各种自然环境下生存，生活在全世界几乎所有地区。

在家里，微生物喜欢在温暖且潮湿的地方生长。1厘米见方的潮湿物体表面就有成千上万个细菌。

所有人都会接触到的电视遥控器也能成为细菌的住所，上面的细菌成千上万。而在花盆里，仅仅1克土壤所含有的微生物就达到了数十亿个！

厨房是微生物真正的乐园。我们可以在水槽里、海绵或抹布上找到它们。有些细菌还会以脏衣服为家。其中一些细菌带有气味，比如脏袜子上的细菌。

如何发现自己周围的微生物？

如果微生物单个出现，我们是看不到的；但如果微生物成群结队出现，就能发现它们。比如在浴室，我们可以在浴帘、洗脸盆和瓷砖上看到一些黑色和红色的污迹，这些污迹不仅仅是一些脏东西，还含有细菌。

微生物是如何生存的？

和所有生物一样，大部分微生物都需要进食，水对它们的生存也是至关重要的。在没有嘴也没有消化系统的情况下，一部分微生物直接透过细胞膜来吸收营养物质。

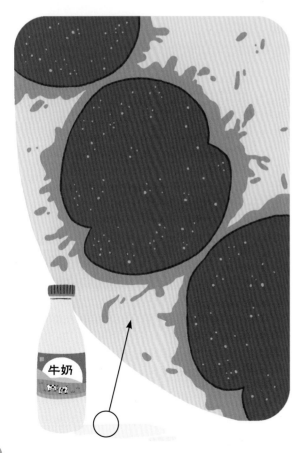

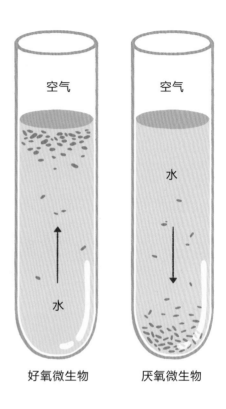

好氧微生物　　　　厌氧微生物

呼吸是微生物必需的生命活动，但是它们的呼吸方式和我们不同。**好氧微生物**需要接触空气中的氧气才能生存，而**厌氧微生物**在氧气不足或无氧气的情况下也能生存。还有一些微生物在有氧和无氧的环境里都可以生存。

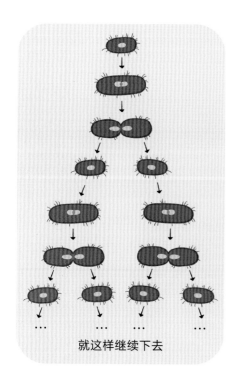

就这样继续下去

微生物通过分裂成 2 个一样的个体来快速繁殖，每个分裂而成的微生物又会一分为二，然后继续分裂，逐渐形成菌落。引起腹泻的大肠杆菌每 20 分钟分裂 1 次，一个晚上就可形成 10 亿多个**细菌**。

小实验

培养微生物

准备 1 支记号笔、3 个冷藏袋、3 片软面包、水和糖。

1. 将一片面包放入冷藏袋中，把袋口封好。

2. 在第二片面包上滴 20 滴水，封入另一个袋子里。

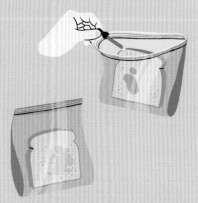

3. 在第三个袋子里放入滴有 20 滴糖水的面包片。

4. 用记号笔在每个袋子上记下面包添加的东西。几天后，每个袋子里都会形成一些霉菌。无添加的面包片上的霉菌比较少，看上去几乎没有变化。加了水的面包片上，可以看到长出了一些霉菌。而加了糖水的面包片上有微生物繁殖所需要的水和糖，所以长出了许多霉菌。

无添加

水

糖水

观察霉菌时不要打开袋子，实验结束后，不要忘了将袋子扔进垃圾箱！

所有微生物都是危险的吗？

我们生活在一个满是微生物的世界里。大部分微生物不会对我们造成任何伤害，有些甚至对我们有益。只有一些微生物对人类是有害的。

发烧

咳嗽

呼吸困难

肌肉疼痛

这些有害的微生物一旦侵入身体，我们就会生病，它们被称为"**病原微生物**"。当一个人身上携带着这种会引起疾病的微生物时，我们便说，他被感染了。

由微生物引起的疾病可能是**轻微**的，比如感冒；也可能是很严重的，比如**肝炎**、**脑膜炎**。

头痛

鼻塞

咽喉痛

不同微生物会以不同方式使我们生病。病菌在繁殖过程中会产生一些**毒素**，让我们身体不适。病毒会像**寄生虫**一样破坏我们的细胞，真菌则会引起**真菌病**。

微生物是地球上最早的生命形式，这是真的吗？

35 亿年前，地球上出现了最早的生命，它们是微生物，最初出现在水中。随着时间的推移，它们以多种方式进化，适应了赖以生存的自然环境，从而形成了各种各样的动物和植物。

人类是如何利用微生物的 ❓

人类以各种方式利用微生物，主要用它们制造食品，比如奶酪、酸奶、面包。

微生物可以用于**发酵**，将一种食物转变为另一种食物。保加利亚乳杆菌能将牛奶转化为酸奶。酿酒**酵母**是一种微型真菌，能够使做面包的面团膨胀。

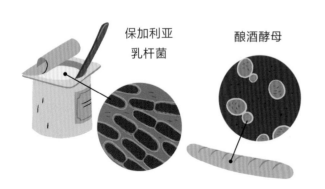

保加利亚
乳杆菌

酿酒酵母

人类还利用微生物来制造药物。例如，微型真菌**青霉菌**被用来制造一种非常有名的**抗生素**——青霉素。

当海上发生石油泄漏时，海洋里的细菌会吸收石油中的各种成分，帮助我们净化环境。还有一些微生物可以"吃掉"污染土壤的有毒金属。

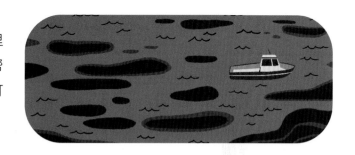

小实验

酵母气球

为了了解酵母在面包制作中的作用，你可以做以下实验：

1. 将 100 毫升热水倒入一个小塑料瓶中。

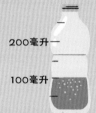

2. 加入 5 克酵母和 1 小勺糖。

3. 晃动瓶子，使瓶中的物质充分混合。

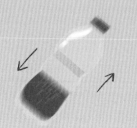

4. 现在，将一个气球套在瓶子颈部，固定好。然后将瓶子放在比较热的地方，比如暖气片上，等待大约 25 分钟。

5. 气球膨胀了。这是因为酵母在含糖的温暖潮湿环境中释放出了一种叫作二氧化碳的气体，气球里充满了这种气体。在用来做面包的面团中，酵母也会产生二氧化碳气体，从而形成一些气泡，使面团膨胀。

微生物喜欢寒冷的环境吗？

微生物的生长情况取决于温度。大多数微生物更喜欢在 10—50 °C 的环境中生存，这个温度区间适合它们繁殖并感染其他生物。

20 ℃

低温下，微生物会减缓或停止繁殖。所以，我们将新鲜食物放在冰箱或冰柜中保存，可以防止食物被**致病菌**污染。

冷藏是将食物储存在 0—6 °C 的低温里，冷冻是将食物放在低至 –18 °C 的环境里。这样，食物的保质期就延长了。

冷藏

冷冻

4 ℃

–18 ℃

高温可以杀死微生物。为了消灭某些食物上的微生物，我们将食物加热到 60—100 °C，这是**巴氏灭菌法**。为了保存蔬菜，我们甚至将其加热到 100 °C 以上，这是**高温灭菌法**。

巴氏灭菌法

高温灭菌法

小实验

观察低温的作用

准备 2 份相同的水果或蔬菜（比如 2 个苹果、2 个西红柿、2 根胡萝卜）。

1. 将一个苹果放进冰箱的蔬果保鲜格里，另一个放在露天处。

2. 5 天后你看到了什么？

放进冰箱的苹果没有什么变化，因为降低温度可以减缓微生物的生长速度。

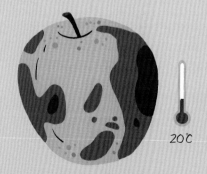

露天放置的苹果很快就变质了，这是因为真菌等微生物在常温下繁殖得更快。

什么是微生物菌群？

微生物不只存在于我们周围，也存在于我们的身体里。微生物所形成的集合被称为**微生物菌群**。

人体中，肠道里的微生物非常多。在那儿，微生物与我们和谐共生：它们帮助我们消化食物，还能消灭入侵者，保护我们免受侵害；作为回报，我们为它们提供食物，让它们存活下来。

微生物菌群

肠道菌群

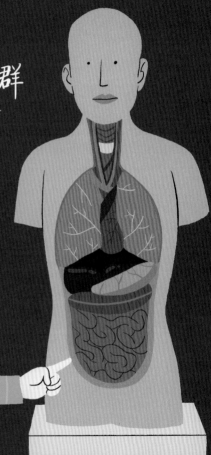

除了肠道，口腔也是人体中微生物数量最多的部位之一。
牙齿上的一些细菌会促使牙结石和龋齿形成。因此，必须养成
勤刷牙的好习惯。

我们的**表皮**上覆盖着皮肤菌群，它们以细小的死皮屑为食，防止有害微生物入侵身体。我们的头皮上也满是微生物，它们有助于头皮保持健康。不过有很多微生物会随着洗发水一起被冲刷走。需要 5 天的时间，头皮上的微生物才会恢复到原来的数量。

口腔菌群

皮肤菌群

我们身体里有多少微生物？

我们每个人都携带着 2—5 千克微生物，这意味着这些微生物的数量达到了数万亿个。它们主要是细菌，我们体内有上万种细菌。

传染病是如何传播的❓

当一个人的身体受到病毒或病菌攻击时就可能会被感染。如果一种疾病在人与人之间传播，我们便称之为"传染病"。

当一个地区或一个国家的许多人感染了某种疾病时，这种疾病就变成了我们所说的流行病。瘟疫是一种会殃及一块大陆上所有人甚至整个世界的流行病。

为了加快繁殖，微生物会从一个人身上"旅行"到另一个人身上。为此，它必须找到一个宿主，也就是可以感染的个体。普通感冒、流行性感冒和新型冠状病毒感染都是传染性非常高的疾病。

小实验

到处都是微生物！

要想了解手上的微生物是如何行动的，可以做以下实验。

1. 盘子底部铺满亮片，把这些亮片当作微生物。

2. 将双手按在盘子里，你的手会沾上不少亮片。

3. 现在，触碰你的脸颊、朋友的手、门把手、桌子和其他物件。所有你碰过的地方都有亮片在发光，你把它们弄得到处都是！

就像会引起疾病的微生物一样，这些亮片从一个物体到了你手上，然后经过你的手到了其他物体上……于是，到处都有亮片了！

传染病能以不同方式传播。通常当人们咳嗽或者打喷嚏时，传染便发生了。当一个健康的人触摸病人用过的物体，或者拥抱亲吻一个患者时，也可能会被传染。

我们的身体是如何**抵御感染的** ❓

我们的身体受到病毒或其他微生物攻击时，会作出反应，保护自己免受危害。人体的整个防御系统被称为**免疫系统**。

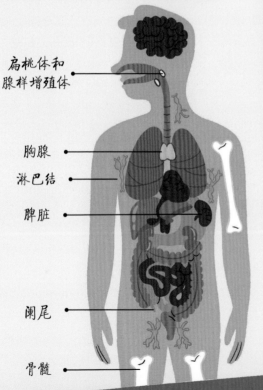

- 扁桃体和腺样增殖体
- 胸腺
- 淋巴结
- 脾脏
- 阑尾
- 骨髓

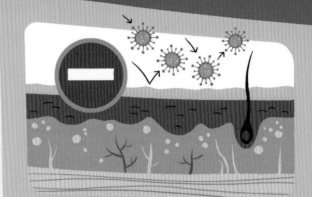

皮肤就像屏障一样，防止微生物侵入我们的身体。不过，微生物还可以通过口腔、鼻子和伤口进入身体。

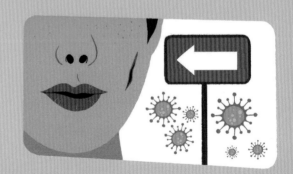

如果我们被微生物感染，**白细胞**就会到达感染的区域，消灭它们，身体也会发热，也就是我们所说的发烧。热量会将那些最敏感的微生物杀死。但是一定要注意，体温超过 40 ℃，就会威胁健康。

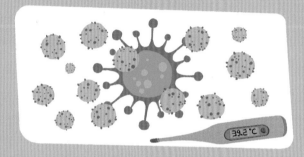

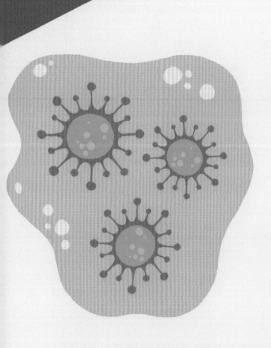

在鼻子、喉咙和支气管里，还有一些防御机制在发挥作用。这些部位会产生一种黏稠的液体，能捕获微生物。我们时不时地通过擤鼻涕或吐痰来清除这些黏液。

我们可以让免疫系统更具有抵抗力吗？

大多数时候，免疫系统能够战胜攻击人体的病原微生物。保证均衡多样化的饮食和足够的睡眠时间，进行体育锻炼，有助于我们身体的自然防御功能更好地运作。举个例子，经常补充维生素 C（主要存在于水果和蔬菜里），患普通感冒的可能性就会减小。

我们生病无法自愈时该怎么办？

    当我们生病，身体的免疫系统不足以令我们自愈时，可以借助药物让身体更快痊愈。有些药是缓解疼痛的，还有一些是治疗疾病的。

有时候我们会服用一些抗生素。是否服用抗生素取决于疾病是由**病毒**还是**细菌**引起的。只有细菌引起的疾病才可以用抗生素来治疗，比如中耳炎。对于病毒引起的疾病，比如流行性感冒，可以用抗病毒药物来治疗。

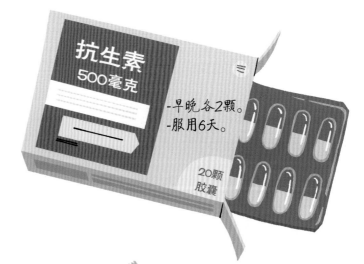

抗生素
500毫克

-早晚各2颗。
-服用6天。

20颗
胶囊

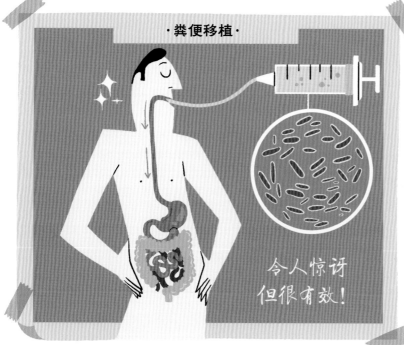

·粪便移植·

令人惊讶
但很有效！

今天，我们可以通过"粪便移植"来治疗一些肠道疾病，这种治疗方法能够重建患者的肠道菌群。为了实施这种治疗，需要把经过处理、带有菌群的健康人的粪便液，灌到患者肠道内。这种方法令人惊讶，但是很有效！

如何让自己免受微生物侵害？

为了减少感染，每个人都可以做一些讲卫生的小事，我们称之为"防护措施"。

咳嗽或打喷嚏时喷出的飞沫里可能含有一些病毒，落在物体表面，会传染给触摸的人。如果咳嗽或打喷嚏时遮掩住口鼻，就能阻止病毒的传播。不过，最好用肘关节而不是手来遮挡口鼻，否则，喷出的微生物会停留在手上，触摸物品时容易造成病毒的传播。

小实验

超级大喷嚏！

你知道打喷嚏时喷出的飞沫去哪儿了吗？为了找到答案，可以做以下实验。准备1张桌子、1个喷壶、有颜色的水、1个用纸板剪出的手、1张纸巾、吸水纸和1把卷尺。

1. 将吸水纸铺在桌子上。

2. 将喷壶当作你的鼻子。把有颜色的水灌入喷壶中，然后往桌上喷水，就像你在打喷嚏。

勤洗手可以清除手上的微生物，还可以使用**免洗洗手液**给手消毒。

此外，还建议你戴上口罩，并与他人保持一定距离；擤鼻涕时使用纸巾，然后立即将其扔进垃圾桶里。

3. 接下来，观察并用卷尺测量水喷了多远。

4. 把纸板手放在喷壶前再做一次实验，会发现纸板手上到处都是水。如果你把它放在桌子上，有一些水就转移到了桌面上。

5. 将纸巾放在喷壶前再做一次实验，结果水留在了纸巾上。

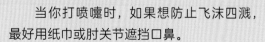

当你打喷嚏时，如果想防止飞沫四溅，最好用纸巾或肘关节遮挡口鼻。

肥皂是如何去污的？

皮肤由几层组成，其中一层是表皮。表皮上覆盖着一层脂类物质，即**皮脂**，保护着皮肤，但每天皮脂上会积聚一些灰尘和微生物。

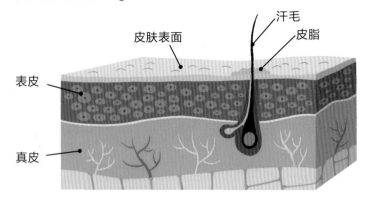

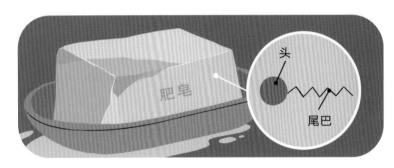

肥皂由很多**分子**组成，每个分子有一个头和一根尾巴。分子的头会被水分子吸引，它是**亲水的**。而分子尾巴则相反：它喜欢油脂，是**亲脂的**。

当你用肥皂搓洗脏手时，肥皂分子会利用它们的尾巴，将自己固定在含有油脂的成分上。肥皂分子将油脂包围起来，形成了星形物，这就是胶束。当你用水冲洗双手时，喜欢水的肥皂分子头依附于水，这样，脏东西就被冲走了。

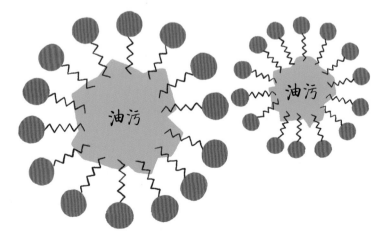

细菌和病毒的膜都含有脂类成分，肥皂可以通过破坏它们的膜来将其杀死。

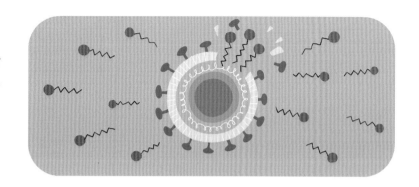

脏兮兮的手

1. 将一些颜料涂抹在手上，等待 2 分钟，把颜料晾干。

2. 闭上眼睛，用冷水冲洗双手 5 秒钟，会发现洗掉的颜料非常少。

3. 重复同样的实验，洗 15 秒，然后洗 30 秒。你的手变干净了吗？

4. 再重复两遍整个实验，第一遍只用热水洗，第二遍用热水和肥皂洗。

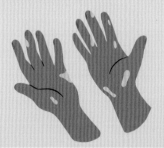

想象一下这些颜料就是微生物。你会发现，用热水和肥皂洗比只用冷水洗更有效。洗手时，至少要搓洗 30 秒钟，而且要注意手掌、手背、指甲、手指之间，各个地方都要洗到。

疫苗的作用是什么？

接种疫苗可以预防严重的疾病。为了制作疫苗，科学家们把造成这种疾病的病毒或细菌进行改造，使之对人体不再具有伤害力。

然后，专业医疗人员将疫苗注入人体，人体会识别这些经过改造的微生物，认定它们是危险的，然后产生一些**抗体**来保护自己。于是，抗体便记住这些对人体有害的"敌人"了。

这样一来，如果有一天真的感染了有害微生物，你体内的抗体也早已做好了与它们"斗争"的准备。通常情况下，疫苗可以防止人生病。如果生病了，疫苗也可以防止你出现一些严重的**症状**。

如果我们不生病，就不会将疾病传染给别人。所以，接种疫苗也可以保护其他人。

动物**和植物**身上也有微生物吗 ❓

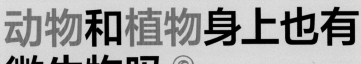

和我们人类一样，动物和植物也有自己的微生物菌群。它们携带的微生物对自己可能是有益的，也可能是有害的。

我们可以在植物上发现许多微生物。有一些**细菌**依附在植物根部，能帮助植物在土壤中找到生长所需的物质。某些树木的叶子上会滋生真菌，能引起疾病。

动物也携带了许多微生物。有些微生物可以在动物和人类之间传播。举个例子，**禽**流感是一种**人畜共通传染病**，可以由生病的鸟儿传给人类。

这种传播会以不同方式实现，比如被动物抓伤、咬伤，通过空气传播，或吃了病禽制成的食物，蚤和蜱虫也会将动物身上的微生物带给人类。

我们可以治疗被病毒或细菌感染的动物吗？

当动物生病时，应该咨询兽医如何治疗。为了让动物保持健康，也可以给它们注射疫苗。我们也会为了身体健康而打疫苗。

关于微生物的小词典

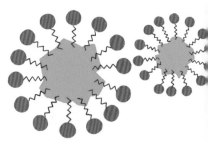

　　这两页内容向你解释了人们谈论微生物时最常用到的词，便于你在家或学校听到这些词时，更好地理解它们。正文中的加粗词语在小词典中都能找到。

巴氏灭菌法：将食物加热至 60—100 ℃，然后快速冷却。这样能更好地保存食物。

白细胞：血液中的一种细胞，能保护人体免受感染。

鞭毛：外形类似于尾巴或细丝，能让细菌移动。

表皮：皮肤的外层。

病毒：个体微小的微生物。

病原微生物：会引起疾病的微生物。

毒素：一些微生物产生的有害物质。

发酵：食物在微生物的作用下发生变化。

分子：由原子构成的保持物质化学性质的最小粒子。

肝炎：一种影响肝脏正常功能的疾病。

高温灭菌法：用 100 ℃以上的温度加热食物的方法，这样食物能保存更长时间。

古菌：单细胞微生物，没有细胞核。

好氧微生物：需要接触空气中的氧气才能生存的微生物。

寄生虫：需要依靠宿主才能生存、进食和繁殖的生物。

酵母：一种微小真菌。

抗生素：一种可以阻止细菌生长的药物。

抗体：一种抵御微生物攻击身体的蛋白质。

免洗洗手液：在不用水和肥皂的情况下给手消毒的产品。

免疫系统：身体的防御系统，能识别哪些是身体的组织，哪些是外来的。

脑膜炎：一种可能造成脑损伤的疾病。脑膜是脑表面的一层薄膜，有保护脑的作用。

皮脂：皮肤表面覆盖着的油脂。

亲水的：喜欢水的，易溶于水。

亲脂的：容易与油脂分子结合。

禽：鸟类。

青霉菌：能引起霉变的真菌，也用于制造抗生素。

轻微的：不严重的。

人畜共通传染病：可以在动物与人类之间传播的疾病。

透镜：用透明物质制成的镜片。

微生物菌群：存在于体表和体内的所有微生物。

细胞：生物体的基本结构，表面有细胞膜，里面含有维持生命活动所必需的物质。与动物和植物的细胞不同，细菌的细胞没有细胞核。

细菌：单细胞微生物，没有细胞核，有的有益，有的有害。

厌氧微生物：可以在没有空气的环境里生存的微生物。

原生生物：简单有机体，有细胞核的单细胞生物。

真菌病：由真菌引起的疾病。

症状：生病的迹象，比如发烧、咳嗽、头痛。

致病菌：能进入人体，引起疾病的细菌。

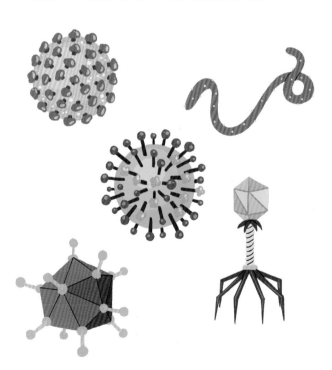

图书在版编目（CIP）数据

微生物 / （法）德·塞德里克·富尔著；（法）德·卡米耶·费拉里绘；唐波译 . — 北京：北京时代华文书局，2023.5

（我的小问题 . 科学 . 第二辑）

ISBN 978-7-5699-4977-3

Ⅰ . ①微… Ⅱ . ①德… ②德… ③唐… Ⅲ . ①微生物—儿童读物 Ⅳ . ① Q939-49

中国国家版本馆 CIP 数据核字（2023）第 082128 号

Written by Cédric Faure, illustrated by Camille Ferrari

Les microbes – Mes p'tites questions sciences © Éditions Milan, France, 2022

北京市版权著作权合同登记号　图字：01-2022-4656

本书中文简体字版由北京阿卡狄亚文化传播有限公司版权引进并授予北京时代华文书局有限公司在中华人民共和国出版发行。

拼音书名 | WO DE XIAO WENTI KEXUE DI-ER JI WEISHENGWU

出 版 人 | 陈　涛
选题策划 | 阿卡狄亚童书馆
策划编辑 | 许日春
责任编辑 | 石乃月
责任校对 | 张彦翔
特约编辑 | 周　艳　杨　颖
装帧设计 | 阿卡狄亚·戚少君
责任印制 | 訾　敬
出版发行 | 北京时代华文书局 http://www.bjsdsj.com.cn
　　　　　北京市东城区安定门外大街 138 号皇城国际大厦 A 座 8 层
　　　　　邮编：100011 电话：010 - 64263661 64261528
印　　刷 | 小森印刷（北京）有限公司 010 - 80215076
　　　　　（如发现印装质量问题影响阅读，请与阿卡狄亚童书馆联系调换。读者热线：010 – 87951023）
开　　本 | 787 mm×1194 mm　1/24　　印　张 | 1.5
成品尺寸 | 188 mm×188 mm
字　　数 | 36 千字
版　　次 | 2023 年 8 月第 1 版
印　　次 | 2023 年 8 月第 1 次印刷
定　　价 | 98.00 元（全六册）